素 A DR 生活家

UNREAD

柴犬绅士

— MENSWEAR DOG —
• PRESENTS •

THE NEW CLASSICS
FRESH LOOK FOR THE MODERN MAN

都 市 型 男 穿 搭 指 南

DAVID FUNG & YENA KIM

[美]大卫·冯　[美]叶娜·金 —— 著

糸色空 —— 译

上海文化出版社

新版序言

　　《柴犬绅士》出版后，"菩提"的事业真的腾飞了。他仍然是一个无与伦比的缪斯，给予许多极具创意的推广活动灵感，并和众多世界一线品牌合作。

　　尽管名声显赫，"菩提"仍然享受着生活中的"小确幸"：睡懒觉；精神饱满的玩耍时间；闲逛；在寒风袭来的夜晚享受大大的拥抱。

　　我的生活与他紧密相联。我们的每一次新体验都是一个共同的发现，关于我们的冒险，我存起了满满的回忆，足以让我回味一百辈子。为此我将永远感激。我也感谢中国读者对我们持续的爱和支持；我希望"菩提"的男装"魔术"能给你带来笑声、惊喜和狂野的想象。

　　谢谢！

叶娜·金

2020 年 4 月 于纽约

目 录
CONTENTS

前　言

打造"柴犬绅士"这个主意的诞生很简单。2013年1月，我们给英俊的爱犬"菩提"拍了一张照片发到了脸书（Facebook）上，照片里它穿着开襟羊毛衫，样子有点搞笑。"菩提"这张照片赢得的周围朋友和家人的喜爱，比我们两个人过去得到的都多。于是，我们注册了一个"汤博乐"（Tumblr）博客用来发布"菩提"其他的男装照片，这下全世界都能看到了。网页的点击量飞速增长，而我们的收件箱也被世界各地喜欢"菩提"照片的宠物爱好者和时尚人士的好评信塞满。就这样，一个自己人的小小恶作剧得到了成千上万人的关注。

给自己的宠物穿衣服是个很简单的想法，每一个闲得发慌的主人都做过成百上千次这样的事。那这一次到底是什么吸引了人们的注意呢？答案很简单：做得好大家当然会喜欢啦。柴犬"菩提"是个"美人"，它有着犀利的目光、晶莹湿润的鼻子和足以闪耀百老汇的笑容，它只是需要一个机会来完成自己真正的使命。每一张照片都透露出它的个性，而它又有天生的镜头感，可以感受到每一个最佳的拍摄角度，摆出最棒的姿势。"菩提"与生俱来的模特天赋为我们所痴迷的事物——男装，带来了新生。我们决定把多年来的设计经验（时装设计和平面设计）应用到男士私人造型设计上去，这会是一件了不起的事。

从简单的模仿开始，现在是实打实应用。"柴犬绅士"已经成为一种展示男性时尚的亲切而独特的方式（毕竟，如果狗狗能做到，你当然也可以）。

而我们创作这本书也正是怀着这样的信念：创作一份能经受时间考验的实用穿衣指南，指导人们选购全年可穿又风格百搭的衣服。我们将男性着装的经典和潮流混搭，你可以根据自己的品位和预算添置衣物。每一种特色搭配都包含造型和层次的建议，以便你不论是参加工作面试、周末度假，还是受邀参加夏季婚礼，都能在不同场合穿着得体。别担心，狗狗会示范的。这里还有关于何时该花大钱、何时该节约的建议，以及如何找到适合的品牌和商店，还有每个人都应该知道的衣物护理常识，有用的内容多着呢！

现在，出门去试穿吧！记住，归根结底，时尚应该让你开心。发现你的闪光点，然后乐在其中——"柴犬绅士"就是这么做的。

1

投资现在，挽救未来。

2

经典即是永恒的原因。

3

自己找个好裁缝。

4

好搭配胜过高价格。

5

护理你的衣服。

6

要舒适，不要紧绷。

7

模仿时尚偶像也挺好。

8

学会如何打领带。

（需要帮助？请参阅 P139）

9

有疑虑时，保持简约。

10

如果感觉不好，就不要穿。

SPRING

春

———

春天是万象更新的季节，繁花似锦，每个人都感到朝气蓬勃。而春天也是天气变幻莫测的季节，因此置办一套靠谱且面面俱到的出行行头至关重要。从碎花衬衫到雨衣，这就是你应当添置的春装。

浅色西装外套

男士着装的非官方原则——穿中性色永远不会出错，但是你看起来会像冬眠般沉闷。现在是时候起来嗨了。一件春装西装外套是探索色彩搭配的最佳冒险。橙粉色（如上图所示）、浅蓝色和奶油色都是不错的选择，一定要选择与你的肤色相适应的颜色。把彩色西装外套穿好的关键就是搭配的其他服饰色彩要柔和，让外套成为亮点。

试一试

| 牛津布衬衫 | 白色牛仔裤 | 胡桃木色牛津鞋 | 领结 | 印花方巾 |

⚓ 历久弥新

历久弥新的第一款李维斯牛仔夹克，依然是最好看而且最实惠的牛仔夹克之选。寻找衣服胸前口袋上标志性的红色标签时，你就知道选对了。

牛仔夹克

牛仔夹克是 20 世纪初李维·施特劳斯公司为淘金矿工和牛仔们发明的，是一种结实耐磨的工作服，如今已经演变成了大家都喜欢的牛仔夹克。可以选择深蓝色、中蓝色等中性色的休闲装来搭配牛仔夹克，要当心"加拿大燕尾服"造型，永远别穿跟牛仔裤同一颜色的牛仔夹克。卡其布或是毛呢长裤是不错的选择，黑色或白色牛仔裤也不错。

试一试

水牛细条格衬衫　　　　　卡其布长裤　　　　　沙漠靴

格子呢衬衫

早在 16 世纪，苏格兰人用羊毛编织格子图案的花呢格布，以区分不同部族。1746 年，格子呢成为英格兰军队的专用布料，这一传统一直延续到 20 世纪 70 年代朋克撕毁格子呢衬衫跟他们"天佑女王"的 T 恤搭配，以表达他们对权威的不满为止。现在街上随处可见格子呢衬衫，这要归功于汤姆·布朗、拉夫·西蒙斯和亚历山大·麦昆这样的设计师。而细条格衬衫已经牢牢扎根在你的衣柜里了，无论是搭配时髦的窄领带和利落的裤子，还是搭配朋克风的黑色牛仔裤和工作靴，都非常合适。

试 一 试

黑色长裤　　　　　　双扣僧侣鞋　　　　　黑色纹理领带

ⓘ

你知道吗？

第一件连帽运动衫是由冠军
运动服品牌在 1934 年制作
的，目的是为劳动者和户外
工作者抵抗寒冷。

连帽运动衫

当你处理一件像连帽衫一样普及的事情时一定要当心，因为"魔鬼"的的确确就在细节里。一切要点都归结为面料、颜色和搭配。要选择透气棉或棉混纺面料。杂灰色轻易不会出错。再准备一件超大号的连帽衫，以备你女朋友留下过夜时穿——适合的尺寸使它能够包住你的身体，而不是你的屁屁。不管是单穿还是搭配牛仔夹克，你看起来都已经准备好去好好运动一番，毫不费力。

试 一 试

短袖海魂衫   牛仔夹克   黑色牛仔裤   白色网球鞋

着装规范
在健身房

很多人选择运动服时仿佛每一天都是洗衣日，而衣服不管扔在哪儿都不会脏。但是，就不能穿得好看点儿去健身吗？问题的关键是运动服得吸汗。

可以做

· 寻找能够帮你保持凉爽干燥的高性能面料衣物

· 选择深色面料，可以隐藏汗渍

· 多买点儿基本款 T 恤

· 扔掉所有遇水变色明显的衣服

· 准备一件杂灰色连帽衫以备温度变化

千万别

· 穿凉鞋、皮鞋或靴子

· 尝试脱掉显露胸部激凸的背心

· 穿任何紧身衣服

· 穿牛仔裤

· 佩戴沉重、昂贵的手表或是夸张的珠宝

三种制胜搭配

跑步

基本款圆领 T 恤，黑色运动短裤，
跑步鞋，风衣（如果需要）

举重

深色无袖 T 恤，锥形慢跑裤，
训练鞋

打篮球

基本款圆领 T 恤，杂灰色连帽衫，
篮球短裤，运动鞋

青年布衬衫

与厚重的牛仔面料不同，轻便的青年布层次分明、手感柔软。青年布衬衫的优点在于，它可以在工作时作为休闲衬衣套在 T 恤外面，也可以跟西装外套和领带搭配。它的相关搭配比厚重的牛仔夹克更加大胆。

试 一 试

| 亨利汗衫 | 海军呢长裤 | 胡桃木色牛津鞋 | 派对达人太阳镜 | 胡桃木色皮带 |

碎花衬衫

修身剪裁的长袖碎花衬衫设计来自纪梵希、普拉达和保罗·史密斯这样的品牌，这意味着印花已经成为全球男士印染衬衫中的重要元素。避免穿有太多细碎设计的衬衫，那样从远处看会像是纹理或是花布。就像其他复杂的单品一样，穿碎花衬衫时搭配一些简单的服饰来维持整体良好的平衡。

试一试

灰色西装外套　　　　　流苏乐福鞋　　　　旅行者太阳镜

雨 衣

不要像办公室里那个淋雨的家伙一样，用洗手间的烘手机小心翼翼地吹干衬衫。对你自己（和你的衣服）好一点，买一件好看又实用的雨衣。一件合适的雨衣，或是"雨披"，应该有一个帽兜，用防水面料制成，长度至少到你的大腿中部。别害怕穿鲜亮的颜色，当你跟大自然作斗争时不妨显得明朗一些。

试 一 试

短袖海魂衫

赤耳丹宁
牛仔裤

矮筒工作靴

亨利汗衫

亨利汗衫，其实就是水手领 T 恤，特点是圆领、胸前领口处开襟钉纽扣。亨利汗衫常常与团队运动和体力劳动联系在一起，让人想到各种旧时校园服装。它十分容易穿出层次，当你需要保暖时，它可以当作打底衫，但单独搭配一条牛仔裤也可以出门。亨利汗衫有长袖和短袖两种，就像是完美 T 恤（详见P142）。巧妙地穿搭亨利汗衫会让造型别致。

试一试

粗花呢西装　　　　黑色长裤　　　　流苏乐福鞋　　　格子方巾

环游世界的旅行家

见多识广的人有着让人无法忽视的魅力，他在世界各地进行背包旅行，拥有丰富的经验和鲜明的个人风格——这是显而易见的。他的装备简单、实用、舒适，就像他精简的衣橱一样适用于任何场合。

风格偶像

饰演印第安纳·琼斯的
哈里森·福特

电影《布利特》的
史蒂夫·麦奎因

电影《英国病人》的
拉尔夫·费因斯

11
旅行准备
一定要有

1. 白色或灰色 T 恤

2. 亚麻衬衫

3. 亨利汗衫

4. 圆领毛衣

5. 深色牛仔裤

6. 卡其布长裤

7. 沙漠靴

8. 军事野战夹克

9. 棕色软呢帽

10. 飞行员太阳镜

11. 围巾

白色正装衬衫

经典的白色正装衬衫不需要过多介绍，它就像黏合剂一般，可以让衣柜里的各种衣服都和谐地搭配在一起，是绅士衣柜中的通用单品。如有疑问，看看这块清爽的空白画布。无论任何颜色、质地或纹理的西装，都可以轻松地跟它搭配在一起，甚至是搭配深蓝色牛仔裤不穿外套也完全没有问题。你一定会从这件单品中受益良多的，所以没什么可犹豫的，赶快买就是了。

试 一 试

粗花呢西装　　　　赤耳丹宁
牛仔裤　　　　抛光
牛津鞋　　　　玳瑁框
太阳镜　　　　针织领带

防风外套

防风外套就像它听起来那么棒——设计轻薄的外套刚好可以应对小雨和寒风。这种外套通常由合成材料制成，非常轻便，如果天气变幻莫测，刚好可以把它塞进旅行袋。一定要买合身的防风外套，不然你就得冒被人当成笑料的风险。找到合适的时髦搭配方式，要注意袖子一定要合身，袖口垂直到臀部位置收紧，这样的长度最合适。

试一试

白色 POLO 衫   浅色牛仔裤   蓝色麂皮鞋

棒 球 夹 克

修身剪裁和高品质面料的服装十分普及，如今棒球夹克再也不是橄榄球队的专属服装了。这种学院风的衣服已经被街头文化所吸收，进而发展出与最潮的翻毛皮鞋或球鞋之类的搭配。如果条件允许，买一件真皮袖子的棒球夹克，准备逆袭吧！

试 一 试

细条格衬衫　　　　　圆领针织衫　　　　　卡其布长裤　　白色网球鞋

ⓘ

你知道吗？

橄榄球衫最初设计成横条纹
是为了通过服装来区分不同
的球队。

橄榄球衫

从 20 世纪 50 年代设计师们开始打造运动服时起，体育运动就一直是时尚设计的灵感源泉。就像 POLO 衫，加入了硬挺白领子和显眼彩条的橄榄球衫已经成为学院风的标志，而它的穿搭层次也很适中。橄榄球衫的优点是你不必为搭配问题考虑太多，随便搭配一条斜纹棉布长裤就能出门过周末了，或者花哨一点再套件运动外套也不错。

试一试

| 赤耳丹宁
牛仔裤 | 抛光牛津鞋 | 抛光皮带 |

当季衣物概览
春季必备单品

1. 青年布衬衫

2. 格子呢衬衫

3. 碎花衬衫

4. 白色正装衬衫

5. 亨利汗衫

6. 橄榄球衫

7. 连帽运动衫

8. 浅色西装外套

9. 牛仔夹克

10. 棒球外套

11. 雨衣

12. 防风外套

13. 卡其布长裤

14. 流苏乐福鞋

15. 抛光牛津鞋或胡桃木色牛津鞋

16. 派对达人太阳镜

SUMMER

夏

———

虽然炎热给了人们穿着随意的合适借口，但其实仍然有
办法在时髦的同时保持凉爽。从亚麻西装到完美 T 恤，
这里介绍的单品将会帮你在整个长夏里保持清爽造型。

⚓ 历久弥新

POLO 衫是由勒内·拉科斯特，一位希望比赛服能更加舒适、透气、方便穿脱的法国网球冠军设计的。他的设计，包括标志性的鳄鱼刺绣，都已经具有将近一个世纪的历史了。

POLO 衫

有很多具备新功能的 POLO 衫使用了速干面料，但最好看的还是简洁并传达出网球运动根本精神的设计。试着找一件有经典罗纹袖口的 POLO 衫，它不仅看起来美观，还能强调你的肩部肌肉和肱二头肌，让你的手臂看起来更强壮。

试 一 试

卡其布长裤　　　白色网球鞋　　　玳瑁框眼镜

完 美 T 恤

不要把完美 T 恤和你最爱的 Megadeth 乐队的破烂场 T 混为一谈，完美 T 恤可是极为罕见的。就像是白色正装衬衫，理想的 T 恤版型依然不多。各位，这件单品真的很简约。一定要买 100％纯棉面料并且合身的 T 恤（详见 P142），一旦你找到了，至少买两三件不同颜色的，这样你就不必再为腋下汗湿的痕迹尴尬了。詹姆斯·迪恩式圆领是永远的最佳选择。如果你身材修长或是肌肉结实，那其他更夸张一点的设计也可以彰显你的男儿本色，比如 V 领或是低圆领。

试 试 这 些 经 典 款 式

| 圆领 | V 领 | 低圆领 |

ⓘ

你知道吗？

最早的海魂衫上有21条条纹，这是为了纪念拿破仑的胜利。

海魂衫

海魂衫也叫布列塔尼条纹衫，诞生于 19 世纪，最初是法国海军制服。独特的条纹图案使落水船员更容易被发现，贴身的编织方式（通常由棉花和羊毛制成）可以避免被海风吹落。海魂衫大胆的、历经时间考验的时尚风格，已经成为"酷"的代名词。它与牛仔裤和运动鞋都能完美地搭配在一起，作为打底衫穿着外搭西装也同样潇洒时髦。各品牌都有自己的海魂衫版型，但都坚持使用传统配色——白色搭配海军蓝或红色。

试 一 试

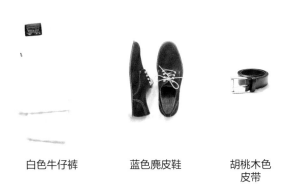

白色牛仔裤　　　　蓝色麂皮鞋　　　　胡桃木色
　　　　　　　　　　　　　　　　　　　皮带

刚好合身

合身的衣服剪裁应该修身，但又足够宽松，你的手臂能活动自如。袖管应当贴近但不会束缚手臂，刚好能够折叠到肱二头肌的位置（如果袖子有点长，可以折叠一到两次）。下摆长度应该足够扎进裤子里。

短袖系扣衬衫

短袖系扣衬衫可能是现代男装中最容易被人误解的单品（很大一部分原因是人们很少能穿对短袖衬衫的尺码）。但穿对了，就能很时髦，用舒适的方式去抗击炎热。它要搭配出随意的风格才时髦——这就是穿短袖衬衫打领带看起来很土的原因。 纯色和条纹图案的短袖衬衫是万无一失的单品，但如果你气质活泼，就可以尝试几何图案或是印花图案的花色。

试 一 试

卡其布长裤　　　　蓝色麂皮鞋　　　　抛光皮带

徒步旅行者太阳镜

挑选太阳镜可是件苦差事，你会面对各种各样的建议和多到令人眼花缭乱的款式。最开始先试戴几种经典款式，看看哪种最衬你的脸型，然后在它的基础上做出更进一步的选择。彩色镜架看起来很有趣，还能巧妙地成为整体搭配的一部分，但不要选择太狂野的颜色——试试橄榄绿、玳瑁色、棕色或者栗色。除非你是职业运动员或者 X 战警，否则还是远离那些运动风格的全包裹式太阳镜吧。

试试这些经典款式

派对达人
太阳镜

飞行员
太阳镜

钥匙孔
太阳镜

水手

我们大多数人都不会在私人游艇上过周末，但幸运的是，你不必出海同样可以打扮得舒适随意而又轻松时髦。夏天，简约的造型是最好的，不管是在陆地还是在海上，这个经典造型都能让你看起来活力四射。

风格偶像

保罗·纽曼
毕加索
让－保罗·高缇耶

出海
必备单品

亚麻西装

亚麻西装是在炎炎夏日中随意穿着并保持凉爽的不错选择。亚麻面料的特性是：透气性好、不起毛，由于经纬线不规则、不紧实地排列，具有一种休闲的感觉。但要注意的是，经过一整天的穿着后面料的褶皱会加深，所以为了以后还能穿着它参加户外活动，应当每周护理一次。可以用明朗的牛津布衬衫来搭配亚麻西装，使造型看起来凉爽舒适。

试一试

牛津布衬衫   胡桃木色   针织领带   印花方巾
牛津鞋

插 肩 棒 球 T 恤

插肩棒球 T 恤有着对比色的七分袖，袖子沿对角线缝合到衣服上，从胸部位置斜插到领口变窄。袖管接缝的位置从视觉上延长了身体的比例，并且为手臂创造出更大的活动空间。因为可以轻松地与各种休闲服饰搭配，所以插肩款式 T 恤深受人们喜爱。

试 一 试

锥形慢跑裤

白色网球鞋

派对达人
太阳镜

泡泡纱西装

炎炎夏日中，没有什么衣服能比一件凉爽的泡泡纱西装更舒适了。泡泡纱独特的皱缩纹理，使得衣物在穿着时完全不贴身，增加了气流流动并保证了散热。可以选择浅色的泡泡纱西装，比如蓝色或灰色，以明朗的牛津布衬衫和深色窄领带搭配，打造精致的夏日造型。如果你还是对穿上泡泡纱西装有所动摇，觉得并不容易打理，那么我要告诉你，你可以摆脱熨斗了，实际上泡泡纱（还有亚麻）面料有一点小褶皱看起来更迷人。

试一试

| 牛津布衬衫 | 蓝色麂皮鞋 | 针织领带和领带夹 | 条纹装饰方巾 |

着装规范
出席夏季婚礼

当夏日婚礼季来到时，弄清出席婚礼该穿什么不该穿什么就变成了一个棘手的问题。除非人家明确地通知你这是一场"非正式婚礼"，否则一般还是穿西装、打领带最保险，如果你成了现场穿得最讲究的人，只要解下领带、脱掉外套就行了。但一套全黑色的西装很可能会显得太过沉闷、严肃，如果参加户外婚礼更是如此。这里列出了一份"可以做"和"千万别"的事项清单，等你下次收到夏季婚礼请柬时可以派上用场。

可以做

· 考虑穿亚麻西装或泡泡纱西服出席

· 穿乐福鞋

· 挥动口袋巾

· 穿一件汗衫打底

千万别

· 担心色彩鲜艳的领带或装饰会毁掉整体造型

· 穿凉鞋

· 穿一身白

· 穿晚礼服，除非请柬上要求"戴黑领结"

三种制胜搭配

经典的反差

黄褐色亚麻西装，白色正装衬衫，
双扣僧侣鞋，黑色针织领带

随意而可爱

条纹亚麻衬衫，奶油色西裤，
流苏乐福鞋，巴拿马草帽

清爽的竞争

白色正装衬衫，泡泡纱西装，流苏
乐福鞋，钥匙孔太阳镜，青年布口
袋巾

背 心

20 世纪 80 年代，属于背心的时尚荣耀正在复兴，设计师们开发各种更加纤细修身的复古背心版型，衣摆更短，还有丰富的色调和印花图案。背心是纯粹的休闲时尚单品，尽管如此，它还是跟牛仔裤或短裤或无人能敌的自信心天造地设般地般配，如果你有一件，就穿出来炫耀吧!

试 一 试

游泳短裤　　　　　　　渔夫鞋　　　　　徒步旅行者
　　　　　　　　　　　　　　　　　　太阳镜

你知道吗？

在苏珊·艾洛伊·辛顿 1967
年创作的经典小说《局外人》
中，多次用马德拉斯布来反
映小说中黑帮 The Socs 的时
尚品位。它真的很学院风。

马德拉斯布运动外套

"马德拉斯"并不是一个你每天都会听到的词，但它应该在你的时尚词典里。这种轻薄的棉布，具有色彩明快的格子图案，已经成为夏季风格的一个标志。马德拉斯布风格大胆，所以穿好它的窍门是身上其他所有单品都保持平和的风格。如果你觉得穿一件完全用马德拉斯布制作的运动外套实在有点太夸张的话，可以考虑在某些细节处加入马德拉斯布装饰的衣服来找找感觉，衬衫、口袋巾、短裤，甚至鞋子都是不错的入门单品。

试一试

| 牛津布衬衫 | 白色牛仔裤 | 抛光牛津鞋 | 抛光皮带 |

i

你知道吗？

尽管这种帽子被叫作"巴拿马草帽"，但其实它是17世纪时在厄瓜多尔起源的。

巴拿马草帽

夏季是一个会让时尚潮流陷入混乱的季节，舒适和时髦之间的准确把握无疑是一个挑战。不知道该穿什么时，戴上一顶巴拿马草帽就能为其他的休闲装增加精致品位。帽子的功能性显而易见：宽边帽檐可以遮挡阳光，而轻巧的秸秆材质有利于空气流通，更能保持头部凉爽。

试 一 试

白色 POLO 衫　　　　亚麻长裤　　　　渔夫鞋

条 纹 衬 衫

条纹衬衫说得上是现代男士衣柜中的必备单品，因为不管是通勤还是过周末它都适合穿。下面是一些如何把条纹衬衫穿出最佳效果的建议：不要选互补色条纹，那样太扎眼，看起来太不舒服了；坚持选择细条纹，宽度一般不要超过 1 英寸（约 2.5 厘米），这样你才不会看起来像个裁判；选择竖条纹可以在视觉上拉伸你的身体。条纹衬衫是搭配西装最好的单品之一（不管有没有相配的领带），它也能跟浅色牛仔裤和运动鞋和谐搭配。

试 一 试

卡其布长裤　　　胡桃木色　　　针织领带　　　胡桃木色
　　　　　　　　牛津鞋　　　　　　　　　　腰带

当季衣物概览
夏季必备单品

1. 完美 T 恤

2. POLO 衫

3. 短袖系扣衬衫

4. 背心

5. 海魂衫

6. 插肩 T 恤

7. 条纹衬衫

8. 亚麻西装

9. 泡泡纱西装

10. 马德拉斯布运动外套

11. 浅色牛仔裤

12. 白色牛仔裤

13. 渔夫鞋

14. 网球鞋

15. 巴拿马草帽

16. 徒步旅行者太阳镜

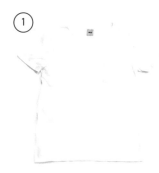

FALL

秋

———

随着树叶变黄、气温下降，秋天来了，正是玩一个能提高你服装搭配层次水平的搭配游戏的好时机。有各种花纹、色彩和不同款式的秋装可供选择，所以赶快收起那些人字拖，挑选一些秋季必备单品吧！

刚好合身

军用野战夹克非常宽大、舒适，但在挑选时还是要注意合身才好看，当你里面穿上毛衣之后肩膀得能够自由活动，外套的下摆应该在大腿中部位置。

军用野战夹克

从电影《出租车司机》中的德尼罗到《第一滴血》中的史泰龙，没有什么比军用野战夹克更显男子汉气概了。这个"坏小子"单品很有趣味，并且实用到难以置信，这也说明"羞涩"是时尚的中流砥柱。想买到一件完美的野战夹克，你可以去古着店或是翻翻旧衣服，也可以自己动手做旧，有各种新款式野战外套任君选择。但挑选原则是坚持经典版型，衣服上要有更多军用细节，比如肩章、下摆拉绳，还有四个口袋的设计，尽量挑选不会过时的款式。

试一试

| 亨利汗衫 | 青年布衬衫 | 赤耳丹宁
牛仔裤 | 矮筒工作靴 | 针织帽 |

进阶搭配

深色的灰色西装，比如木炭色，是非常适合秋冬季节的颜色，在跟棕黄色、棕色、橄榄色等秋季颜色搭配时，它比黑色西装更容易把握，更容易搭配出层次感。

灰色西装

历史悠久的灰色西装是每一位男士衣柜中的必备单品——毕竟它是如此百搭。一件中灰色西装外套将是你最好的朋友，不管是工作还是放松，不管是白天还是夜晚，从正式场合到休闲聚会，365 天它都天天百搭。挑选一件平驳领单排双扣西装吧，枪驳领和双排扣西装都显得太过正式，根据你的穿着场合灵活挑选吧。如果你实在找不到合身的版型，不妨让裁缝量体改衣——你会经常穿它的，这笔开销很有必要（关于如何挑选合身的西装，详见 P140）。

试一试

青年布衬衫   布列塔尼条纹毛衣   胡桃木色牛津鞋   胡桃木色皮带   青年布口袋巾

开襟羊毛衫

不久之前，开襟羊毛衫还被认为是保守和古板的象征（不好意思啦，罗杰斯先生）。但在过去的几年里针织毛衣迎来复兴——这就叫"就是要复古"。开襟羊毛衫就是这样一件了不起的百搭单品，你可以穿衬衫、打领带，外面套上一件开襟羊毛衫穿去办公室；也可以把它跟普通的 T 恤搭配在一起，看起来一样衣冠楚楚。

试 一 试

法兰绒衬衫　　　　　赤耳丹宁　　　　矮筒工作靴
　　　　　　　　　　牛仔裤

皮革机车夹克

电影《飞车党》里的马龙·白兰度、电视剧《欢乐时光》里的亨利·温克勒，还有"性手枪"乐队的席德·维瑟斯——就像大家记忆中的那样，皮夹克一直是典型的"坏男孩"标配单品。第一件皮夹克是由肖特兄弟公司在 1928 年制作的，是摩托车手梦寐以求的耐磨又时髦的外套，其标志性的设计依然是最受欢迎的男装之一。一件真正的机车夹克只会越穿越好看，因为每一处磨损的痕迹都有一个故事，所以不用太宝贝它。

试一试

完美 T 恤

赤耳丹宁
牛仔裤

双扣僧侣鞋

进阶搭配

一旦你有信心穿好双扣海军外套，那就可以尝试一下双排扣的款式了，它会让你看上去像个大富翁。用利落的白色正装衬衫搭配海军外套，别打领带，你的时尚指数会立刻上升。

海军外套

海军外套是衣柜中最常穿的单品，它能让你在任何时刻都维持外表光鲜。面试第一份工作？用海军外套搭配针织领带吧。拜见岳父大人？用海军外套搭配 POLO 衫吧。周三在办公室？用海军外套搭配干净的白 T 恤吧。你绝对不会后悔多花点钱买这件百搭外套的。可以先买一件纯棉或纯毛的窄平驳领双扣海军外套，剪裁一定要贴身，不然你看起来会像穿老爸的西装出门（关于如何挑选合身的西装，详见 P140）。

试 一 试

| 圆领针织衫 | 赤耳丹宁牛仔裤 | 抛光牛津鞋 | 徒步旅行者太阳镜 | 印花装饰方巾 |

常春藤盟员

常春藤盟员看起来聪明又成熟，而且绝对不沉闷。造型看上去干净利落且舒适。如果挑选得当，学院风的衣服也能实现从校园到社会的无缝转换，精心挑选的流行色彩会让你脱颖而出。

风格偶像

约翰·F.肯尼迪
罗伯特·雷德福
安德烈·本杰明

13

学院风
必备单品

1. 海军外套

2. 花呢外套

3. 牛津布衬衫

4. 开襟羊毛衫

5. 费尔岛毛衣

6. 卡其布长裤

7. 白色牛仔裤

8. 乐福鞋

9. 棒球外套

10. 派对达人太阳镜

11. 条纹领带

12. 针织领带

13. 吊裤带

牛津布全开扣衬衫

牛津布全开扣衬衫就像是你"休闲—正式"装备库里的完美装备——相比普通的纯棉衬衫，它稍显厚重的面料和领口的细节设计在视觉上更具趣味。考虑到这些因素，它确实是一件能做出出色搭配的基础单品，可以搭配各种各样的外套、毛衣、领带、裤子。一旦你找到了合身的版型（详见P138），就可以开始试穿各种颜色了。

试 一 试

织纹外套

海军蓝长裤

抛光牛津鞋

大胆
设计领带

青年布
口袋巾

费尔岛毛衣

费尔岛毛衣采用了传统的苏格兰针织技术来编织美丽的图案，色彩丰富。它的样式和色彩变化很大，但都坚持使用柔和与明亮的色调相搭配。跟牛津布衬衫具有互补效果，穿起来很好看。尝试一下跟皮革机车夹克的组合，会有意想不到的趣味。

试 一 试

牛津布衬衫　　　　　　　　羊毛裤　　　　　　沙漠靴

细条格衬衫

细条格衬衫应该成为你的首选单品。与稍粗一些的格子不同，细条格可以为其他服装添彩而不会喧宾夺主，它可以跟摇滚风格图案的衣物还有色彩明亮的领带搭配。你能找到几乎任何颜色的细条格衬衫，但也应该尝试一些固定的组合，比如跟领带、领结或是口袋巾的组合。需要注意的是在一套造型中，有格子的单品不要超过一种，除非你希望自己看起来像张餐桌。

试一试

海军外套　　　　海军蓝长裤　　　　抛光牛津鞋　　　　玳瑁框眼镜　　　　针织领带

绗缝棉衣

这或许没什么用，但想象一下你穿着绗缝棉衣在英国猎狐的情景，还不错吧？
绗缝夹克最初正是由英国皇室普及的。绗缝之间的小棉包就像一个一个的小
气袋，可以储存热量，而它轻薄的质地，既可以内搭一件织纹外套，也可以
直接当作外衣来穿。通过搭配菱格领带和牛津布衬衫这样学院风的单品，可
以彰显出绗缝棉衣的贵族气质。

试一试

| 牛津布衬衫 | 渔夫毛衣 | 赤耳丹宁牛仔裤 | 矮筒工作靴 | 玳瑁框太阳镜 |

刚好合身

合身的风衣，下摆应该刚好在膝盖以上、大腿中部的位置，套在西装外面时会稍稍有一点紧。

风衣

当男人穿上风衣，就会具有某些令人无法抗拒的强大魅力，想一想电影《卡萨布兰卡》里的亨弗莱·鲍嘉、《复仇威龙》里的迈克尔·凯恩，还有《银翼杀手》里的哈里森·福特。风衣的版型多种多样，但一个世纪以来，其最核心的美学特征（奶油色或棕黄色肩章及可拆卸式腰带）从来没有改变。套上一件风衣，戴上一顶费多拉软呢帽或是一顶爵士帽，把腰带松松地打个结（而不是乖乖绑好），就能打造一个不沉闷的造型。

试 一 试

白色正装衬衫 　　　 黑色长裤 　　　 双扣僧侣鞋 　　　 黑色纹理领带和领带夹

着装规范
在办公室

许多办公室的着装规范变得宽松了，这让很多人感到困惑，不知道该穿什么来上班。关于适宜的通勤服装，还是应该穿得得体一些。以下是"可以做"和"千万别"，能帮助你在工作的时候以你的方式保持时髦。

可以做

· 西装外套搭配牛仔裤或是西裤，还有休闲衬衫

· 白色衬衫搭配深色西装，用多彩图案口袋巾点缀

· 格子与条纹搭配

· 买一双黑色牛津鞋，百搭

千万别

· 领带尖长过腰带

· 每天穿同一件 T 恤

· 白色袜子搭配黑皮鞋——你又不是迈克尔·杰克逊

· 穿凉鞋或是拖鞋上班，哪怕是轻松的星期五

· 穿亚麻西装，它太容易皱了

三种制胜搭配

企业

细条格衬衫，海军外套，双扣僧侣鞋，玳瑁框眼镜，针织领带，挺括口袋巾

创意类工作

牛津布衬衫，深色牛仔裤，胡桃木色牛津鞋，棒球外套，钥匙孔太阳镜

面试

白色正装衬衫，深色两件式套装（双粒扣），胡桃木色牛津鞋，针织领带，格子口袋巾，胡桃木色皮带

针织领带

现在是时候跟宽边、超闪亮的领带说再见，跟超薄针织领带打招呼了。不同于传统的领带，针织领带可以跟任何款式的衬衫和西装完美搭配，不管是精致复杂的设计还是简约休闲的风格，它都能轻松驾驭，不会出错。真丝针织领带是了不起的全年用单品，它卓越的质感和光泽可以为平淡的服饰增光添彩。羊毛针织领带最好在秋冬季节佩戴，可以为海军外套或灰色西装点睛。另外，还要考虑好针织领带与口袋巾的协调，才能提升整体造型的品位。

试一试

青年布衬衫　　　　羊毛裤　　　抛光牛津鞋　　　　牛仔夹克

羊 绒 衫

羊绒衫用柔软的羊毛和羊绒制成，因其具有令人难以置信的柔软、轻便、结实的质地而深受人们喜爱。这种面料具有卓越的保温性能又不会使温度过高，因此最适合制作防寒服装。你可以买一件羊绒衫，比如美利奴羊绒衫。羊绒与更为便宜的材质之间价格差异显著，但羊绒衫更柔软、更保暖也更耐穿，是非常值得购买的单品。

试 一 试

牛津布衬衫　　　　　冬季面料　　　　赤耳丹宁　　　高帮正装鞋　　玳瑁框眼镜
　　　　　　　　　　西装外套　　　　牛仔裤

当季衣物概览
秋季必备单品

---

1. 细条格衬衫

2. 牛津布全开扣衬衫

3. 羊绒衫

4. 费尔岛毛衣

5. 开襟羊毛衫

6. 加里套装

7. 海军外套

8. 风衣

9. 绗缝棉衣

10. 皮革机车夹克

11. 军用野战夹克

12. 赤耳丹宁牛仔裤

13. 海军蓝长裤

14. 双扣僧侣鞋

15. 胡桃木色牛津鞋

16. 针织领带

WINTER

冬

———

不要整个冬天都穿深色。冬天是完美的，通过黑色或灰色西装隽永经典的纹理和历久弥新的色彩，你可以脱颖而出（可以整理秋季衣柜，换上更厚实的外套了）。我们的这些建议，会让你在冬天风度与温度兼得。

法兰绒衬衫

人们常常将法兰绒和格子布或是任何有格子图案的衬衫弄混，其实真正的法兰绒质地柔软、疏松，常常用细金属刷刮出纤维，变得更加柔软舒适。其结实耐穿的特性深受喜爱，法兰绒衬衫见证了 20 世纪 90 年代摇滚乐风靡的历史和时尚潮流的演变。正如科特·柯本所说，绒布，越旧越好。

试 一 试

亨利汗衫

赤耳丹宁
牛仔裤

沙漠靴

i

你知道吗？

著名海洋探险家雅克·库斯托，
喜欢戴着标志性的红色针织童
帽。有没有想过为什么？因为
海洋底部的温度徘徊在 30 华
氏度左右（约 -1℃）。

针织帽

如果你正在找具有一定功能的配饰，好让你在冬天也能暖暖和和的，那针织帽就是你要找的。它很简约、永不过时，而且戴上它很暖和，妈妈也不会在一旁唠叨。但是注意不要买太花哨的样式。

试一试

完美 T 恤   连帽运动衫   卡其布长裤   沙漠靴

刚好合身

双排扣大衣是很好的单品，
但一定要买合身，要保证你
在冬天穿着厚毛衣套上双排
扣大衣后还能活动自如。

双排扣大衣

双排扣大衣十分耐穿又实用，本来是水手们的最爱。这种外套最常见的是藏青色或灰色，采用厚重的羊毛面料，有双排扣和大翻领。它是一款很容易穿搭出效果的冬季单品，当你把衣襟扣好会非常温暖的。

试一试

| 白色衬衫 | 圆领针织衫 | 赤耳丹宁牛仔裤 | 蓝色麂皮鞋 | 玳瑁框眼镜 |

高领毛衣

曾经，人们觉得高领毛衣是一种时髦又大胆的男装，代表了对职场衣着的反抗。如今，高领毛衣已经不再叛逆，但它仍然是一个时髦的单品，当你工作日不想穿衬衣、打领带的时候，它是不错的选择。高领毛衣的舒适程度令人惊讶，并且剪裁修身，与西装搭配起来会散发出令人难以置信的优雅气质。看看史蒂夫·麦奎因在经典电影《浑身是胆》里是如何用高领毛衣穿搭出老板气质的吧。

试 一 试

黑色长裤　　　　　双扣僧侣鞋　　　　　棕色皮夹克　　　　　灰色费多拉帽

水牛格子羊毛外套

这款单品会让人想起狂野的西部和万宝路广告的生动影像，水牛格子呢其实是最古老的苏格兰格子呢（见 P17）的一种，20 世纪初开始风靡美国，之后广告描绘出虚构的伐木工人保罗·班扬穿着水牛格子外套进行超体能劳动的场景。为了和这件外套搭配，你得有双旧靴子，然后你就可以穿着去当伐木工了，至少看起来很像了。

试一试

圆领针织衫

赤耳丹宁牛仔裤

矮筒工作靴

野外活动

走进大自然进行户外活动与自然融为一体，是世人对美国硬汉的印象。他们知道如何在野外生存，也知道该穿什么，通常会选择做工精良、结实耐穿又足够舒适的衣服。

风格偶像

海明威
休·杰克曼扮演的"金刚狼"
《断背山》里的希斯·莱杰
《公园和休闲》里的尼克·奥弗曼

9

坚固耐用的
必备单品

1. 亨利衬衫

2. 法兰绒衬衫

3. 青年布衬衫

4. 圆领针织衫

5. 渔夫毛衣

6. 卡其布长裤

7. 深色丹宁牛仔裤

8. 矮筒工作靴

9. 水牛格子外套

渔夫毛衣

渔夫毛衣（又称编织毛衣或爱尔兰毛衣），以复杂的方法将各部分拼接起来，胸前有缆绳状图案。最初爱尔兰的渔民很喜欢它，遭遇严酷的天气状况时这款毛衣可以很好地保暖。不过，这种毛衣穿上会很痒，除非你买材质优秀的那种。所以我建议你穿一件 T 恤或是牛津布衬衫打底。这款单品的出彩之处在于它可以单独当作外衣穿，而且非常结实，你不必穿得小心翼翼，事实上它是防弹的。

试一试

牛津布衬衫　　　　卡其布长裤　　　矮筒工作靴　　　　双排扣大衣　　　　报童帽

羽绒大衣

从历史上来看，羽绒大衣笨重又难以打理，会给穿着者带来一些麻烦，所以从前人们穿得并不多。如今，经过改良的羽绒大衣变得更加轻薄、修身，保暖性能更胜从前。在选购羽绒大衣时，要选择带帽子的（理想的设计是可拆卸的帽子，看起来不会显得太过臃肿笨重）。色彩方面的限制不大。如今的羽绒大衣也是时尚单品，可以穿西装、打领带，然后套一件羽绒大衣出门。

试一试

白色正装衬衫　　　　布列塔尼　　　　卡其布长裤　　　矮筒工作靴
　　　　　　　　　　条纹毛衣

大衣

如果你住在常年积雪的地方，又需要常穿西装，那么添置一件大衣是很有必要的，它能为你提供一个精明强干的造型和良好的御寒效果。大衣要选择宽大一些的，因为你还要穿西装。用围巾和费多拉软呢帽可以为你的搭配画龙点睛，绝对会获得路人的注目礼！

试一试

白色正装衬衫　　　　灰色西装　　　　双扣僧侣鞋　　针织领带

着 装 规 范
关 于 "黑 领 结" 场 合

当你为了下一个需要打"黑领结"的场合出门去租无尾晚礼服之前，请先考虑一下：如果去租，那么你永远也不会拥有一件完全合身的晚礼服，而下一次你需要穿晚礼服时你又要去租。所以，不如提前自己购置一套，以备不时之需。

可以做

· 把西装交给裁缝量体改衣

· 穿黑色或深蓝色西装

· 试一试穿缎面翻领的晚礼服

· 穿白色翻领礼服衬衫

· 试一试晚礼服三件套

· 打领结

千万别

· 穿租来的晚礼服

· 穿白色晚礼服

· 穿五颜六色的衬衫而不是白色的

· 衬衫下摆露在裤子外面

· 穿球鞋或其他非正式场合的鞋子

三种制胜搭配

保守风格

白色正装衬衫，黑色缎面翻领燕
尾服，黑色牛津鞋，黑领结，白
色口袋巾，袖扣

创新风格

白色正装衬衫，栗色天鹅绒燕尾
服，黑色燕尾服裤装，流苏乐福
鞋，玳瑁框眼镜，黑领结，袖扣

设计师风格

白色正装衬衫，深蓝色黑色缎面翻
领燕尾服，黑色天鹅绒平底鞋，黑
领结，袖扣

格子西装

当气氛沉闷时，格子西装将帮助你在人群中脱颖而出。为了避免过度招摇，衬衫和领带一定要搭配低调的款式来平衡西装张扬的风格。来自专业人士的提醒：如果要穿，就要穿成套的西装，否则看起来会很不舒服。

试一试

| 白色正装衬衫 | 高帮正装鞋 | 玳瑁框眼镜 | 青年布领带 | 挺括口袋巾 |

冬季面料西装

"冬季面料的西装"其实只是一个很笼统的说法，它几乎包括了各种厚实一些的面料。想想羊毛、花格呢和人字呢，这些面料厚实而温暖，它们厚实的质感让西装变得挺括。当你穿上冬季面料西装时，搭配一件条纹衬衫和一条深色领带，看起来就会很潇洒，或者是穿上夹克再另配一条裤子，也是很智慧的搭配。

试一试

白色正装
衬衫

牛仔夹克

高帮
正装鞋

针织领带

青年布装饰
方巾

ⓘ

你知道吗？

由于电影《壮志凌云》的风靡，
美国空军又补发了早已停产
的空军 A2 飞行员夹克，就是
电影里汤姆·克鲁斯穿的那种。

飞行员夹克

飞行员夹克的特点是有羊毛或是羊皮的衬里和衣领，为的是能够让轰炸机驾驶员在高速飞行中保持温暖。现今，有很多品牌设计自己的飞行员夹克，摩登一些的会使用简约的设计，但依然会采用羊毛或皮革材质制作。飞行员夹克会带给你意想不到的硬汉气质，放心去穿吧，就像西装、领带和其他衣服一样。

试一试

白色正装衬衫　　　　圆领针织衫　　　　卡其布长裤　　矮筒工作靴　　飞行员太阳镜

绗缝马甲

绗缝马甲没有得到应有的重视。它是本书最实用的单品之一，可以与你衣柜中的任何单品和谐搭配。绗缝材质的衣服可以让你很暖和，同时又很轻薄，不会让你看起来臃肿，破坏你的身形。试一试用绗缝马甲为西装打底，即便是穿上礼服三件套，闷气也会一扫而空。

试一试

| 白色正装衬衫 | 冬季面料西装 | 卡其布长裤 | 高帮正装鞋 | 格子领带 |

当季衣物概览
冬季必备单品

1. 法兰绒衬衫

2. 高领毛衣

3. 渔夫毛衣

4. 绗缝马甲

5. 格子西装

6. 冬季面料西装

7. 大衣

8. 双排扣大衣

9. 羽绒大衣

10. 水牛格子羊毛外套

11. 飞行员夹克

12. 黑色长裤

13. 工作靴

14. 胡桃木色靴子

15. 报童帽

16. 针织帽

衣服不合身，反而更邋遢

如果说人靠衣装，那么型男就要靠合身的衣装。无论你的衣服有多时髦，不管是牛仔裤、T恤，还是版型和剪裁都无懈可击的西装，如果它们不合身，那你看上去反而更邋遢。

合身的衬衫

1. 衣领： 当你穿好衬衫，扣好所有扣子，领口和你的脖子之间应该有一到两指的空隙。

2. 肩部： 肩部接缝应该在肩膀边缘。如果接缝滑到胳膊侧面，那就说明衬衫太大。

3. 袖窿： 袖窿应靠近你的腋窝，但位置要足够低，你在活动胳膊的时候它不能上移。袖窿越小，袖管越细，修身的感觉越明显。

4. 袖长： 合身的衬衫袖长应该是袖管正好收在你的手腕或手掌根处。

5. 衣身： 衬衫背部缝褶使腰部更加贴身。一个手艺高超的裁缝可以通过添加缝褶让衬衫变得修身。

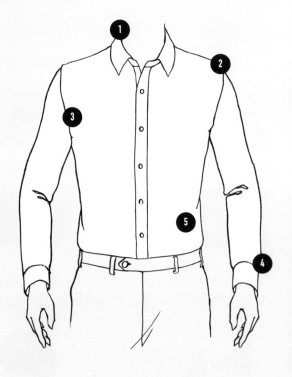

四手结：
如果只能学一种打领带的方法，就学这种

现代的衣领和翻领变得越来越小，越来越薄，所以需要打一种不会压倒衣领的打结方法。四手结就是完美的选择，它的轮廓修长，稍稍有一点点不对称，会让你显得优雅从容，不费吹灰之力。

① 把宽边留出比窄边长一英尺（约30厘米）的长度，宽的一边绕在窄边上面。

② 把宽边从窄边下面穿过。

③ 再把宽边绕在窄边上面。

④ 将大角从初步成型的领结中向上抽出。

⑤ 轻轻握住领结，同时从领结中把宽边向下掏出。

⑥ 把手指从领结中抽出，向上滑动拉紧领结。

⑦ 调整领带，让它看起来松紧适中，并且窄边能藏在宽边后，整体长度不要超过腰带。

合身的西装

1. **纽扣：**一粒扣或两粒扣的西装永远不会过时。

2. **翻领：**选择领子的样式，可以选择平驳领或是枪驳领（通常来说平驳领比较休闲），领子最宽处一般有 2.5 或 3 英寸（6.3—7.6 厘米）。

3. **肩膀：**务必选择没有垫肩的西装，袖管应该从肩上 1 英寸的位置缝合。如果站立时西装肩部拢起来，那就说明西装太大了。

4. **袖长：**袖管应该收在腕骨处，可以露出衬衫的袖口。

5. **衣身：**西装应该逐渐收腰，这样把扣子扣起来才会紧贴修身而不会起皱。一般来说，只要肩膀合适，缝衣身就很容易了。

6. **开衩：**版型好的西装开衩的位置会便于活动，有中背开衩或是侧面开衩，这两种设计都很好看，侧面开衩的西装更具欧洲风情，更加灵活。

7. **衣长：**西装下摆应该盖过臀部。

合身的西裤

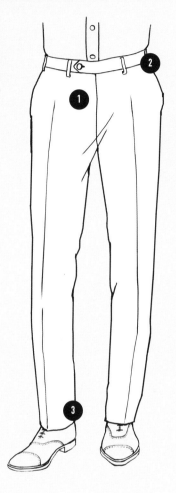

1. 立裆： 立裆指的是从裤裆部位向上到腰口，这段距离叫作立裆（通常为 7 至 12 英寸，约 18 到 30 厘米）。立裆越长，裤子看起来越土。

2. 裤腰： 腰部应紧贴髋骨上方（略高于坐下后牛仔裤的裤腰位置）。

3. 裤脚： 翻或者不翻裤脚完全是个人的喜好，不过不翻裤脚时更时髦一些。

4. 卷脚： 卷脚是指裤子与鞋子接触的那部分面料，过长的卷脚很难看。我们建议留下四分之一的卷脚，或者不留卷脚。

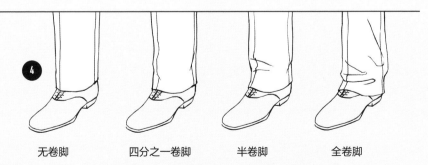

| 无卷脚 | 四分之一卷脚 | 半卷脚 | 全卷脚 |

完美 T 恤

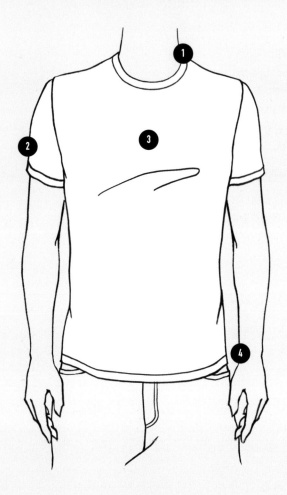

1. 领口：水手领是最普遍、最受欢迎的领口设计（详见 P47 的其他选择）。

2. 袖长：袖子应该从肩膀处开始到肱二头肌的位置结束，袖管应该贴合手臂。

3. 前胸：你当然希望自己的 T 恤合身，但如果你能看到自己的乳头，那还是再选一个尺码吧，太紧了。

4. 衣长：T 恤下摆应该在腰带下缘位置。

选购牛仔裤

1. 剪裁： 修身直筒裤是最通用的版型。实话说，挑选裤型完全取决于你的体型和你选择的品牌，在理想的情况下，牛仔裤应该包裹住你的身体，腿部微微收紧。不要选择特殊剪裁，比如微喇裤或是超修身牛仔裤。

2. 立裆： 选择中腰牛仔裤。不是让你穿爸爸的裤子。

3. 裤长： 你不会喜欢都堆在脚踝那里的过长的裤脚。如果裤管太长了，还是卷起来吧。

4. 清洗： 如果没有给其他人带来困扰还是不要洗了，洗太多很容易变形的。

牛仔词汇

水洗丹宁： 标准牛仔布。这种布料通过洗涤加工的处理可以减少布料收缩和落色。大部分牛仔裤都是用水洗丹宁制作的。

原色丹宁： 这种布料未经过水洗和化学处理，与水洗丹宁相比，原色丹宁的色彩更加深沉、生动。而且，因为没有经过水洗处理，原色丹宁通常会收缩、掉色，最终裤型符合穿着者的体型和动作习惯，称为独一无二的牛仔裤（保养原色丹宁牛仔裤的方法，详见 P148）。

赤耳丹宁： 赤耳丹宁的布料边缘已经锁线，以防止散开和磨损。大部分原色丹宁都有赤耳，但不是所有的赤耳都是原色丹宁。

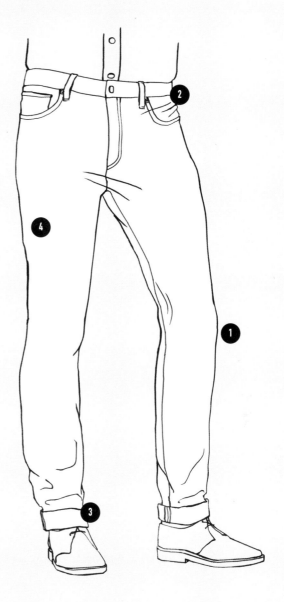

行李箱里应该装些什么

商务之旅必备

· 一件灰色西装或西装外套（来自专业人士的提示：在旅行期间穿着它，别把它放进行李箱，记得及时熨烫。）

· 两件牛津布全开口衬衫、一件 POLO 衫

· 一件 T 恤

· 一条深色牛仔裤

· 一条健身短裤

· 一条泳裤

· 一双棕色或胡桃木色牛津鞋或是高帮正装鞋

· 一双运动鞋或网球鞋

· 一条黑色针织领带（领带夹可选）

· 一条棕色或胡桃木色皮带

· 两条内裤

· 两双袜子

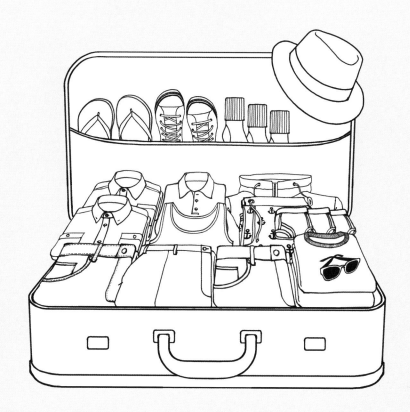

周末去海滩度假必备

· 一件背心

· 一件 POLO 衫

· 两件 T 恤

· 一件青年布衬衫

· 一件短袖衬衫

· 一件薄外套或防风外套

· 一条深色牛仔裤

· 一条不易变形的纯棉短裤

· 一条卡其布裤子

· 一条泳裤

· 三条内裤

· 三双袜子

· 一双凉鞋或拖鞋

· 一双运动鞋或帆布鞋

· 一顶巴拿马草帽或费拉多软呢帽

· 徒步旅行者太阳镜

衣 物 护 理

当你只有一大堆破 T 恤和旧袜子的时候，把它们扔进洗衣机洗干净大概就是最好的护理方式了。不过，当你买了一些高品质的衣服，就应该留意洗涤标签了，洗涤说明变得十分重要。

衣物护理的一般原则

· 洗涤之前先把衣物内外翻转以避免褪色。

· 只在绝对必要时干洗西装，过于频繁的干洗会缩短衣物寿命。

· 购买一个手持蒸汽熨斗，与传统熨斗相比，它能快速方便地熨烫西装或是其他面料轻薄的衣物。

· 羊绒面料衣物只能手洗，洗涤时要使用冷水和婴儿用洗发水，洗净后平摊晾干。

· 丝绸面料衣物只能手洗，洗涤时要使用性质温和的洗涤剂，洗净后平摊晾干。

· 永远不要拧干毛衣，会导致衣服变形。应该平摊晾干。

· 每件衣服都是不同的，如果你对护理某件衣物有疑问时，检查洗涤标签。

洗涤标签说明

机洗

手洗

不可水洗

可烘干

干洗

不可干洗

可熨烫

请勿使用蒸汽熨斗

不可熨烫

●

熨烫温度
不能超过
110℃

●●

熨烫温度
不能超过
150℃

●●●

熨烫温度
不能超过
200℃

浸泡你的原色丹宁牛仔裤

原色丹宁牛仔裤第一次穿之前，应当先在浴缸里浸泡一下。这样做可以避免哪怕最低程度的收缩，并防止日后过快掉色，还可以让牛仔裤更贴合你的身体。方法很简单，先在浴缸里放上热水，然后倒进一些洗发水，把牛仔裤内外翻转浸泡1到2小时，之后洗净取出悬挂晾干。

打 理 鞋 子

俗话说："男人，见鞋如见人。"所以一定要好好打理鞋子。一旦你买了好皮鞋，经常给它们上一点鞋油是事半功倍的护理方法。万一不小心它们被稍稍磨损或是不再光亮，用干净的抹布或是旧T恤擦干净表面，然后用旧牙刷清洁缝隙里的污垢，反复擦拭鞋面直至磨损处直至光亮。之后放置15分钟，再用鞋蜡打蜡上光。当你长时间不穿鞋子时，把它们收进袋子里（或是收进除湿并可以避免阳光直晒的箱子里）。不管怎样，买一些雪松木鞋撑放进鞋子里都是一种很好的护理方法，它可以有效地避免鞋子变形，并且可以防止异味产生。

鞋子护理检查表

· 鞋油

· 天然猪鬃鞋刷

· 旧牙刷

· 旧抹布或T恤

鞋蜡和清洁剂

· 雪松木鞋撑

· 皮鞋收纳袋

· 鞋盒

· 鞋拔子

一不小心就……

不管你有多么小心翼翼，弄脏衣服都是在所难免的，所以每个人都应该知道如何对付污渍。首先，也是最重要的，趁污渍还没干时清理它（等它干了之后会变得更难清理）。清理完污渍后再洗衣服。漂白剂应该是万不得已的最后选择。这里有一些对付常见污渍的建议。

红酒：用水、苏打水甚至是白葡萄酒稀释——不管是什么，就用你手边有的。用喷雾瓶把稀释剂喷在整块污渍上，再用纸巾反复擦拭直到污渍消失，然后洗干净。如果是较严重的污渍，在处理前可先用肥皂水和双氧水混合的溶液进行处理。

除臭：把衣物浸泡在白醋中 30 分钟到 1 小时，然后在温水中洗净。如果洗涤后污渍仍有残留，可以试试用洗碗精，这有利于清洗油污。

血液：立即用冷水进行冲洗，然后在水中放入洗涤剂浸泡 10 分钟，再搓洗干净。

咖啡：浸泡在温水中，然后用等量的白醋和水进行处理。直到污渍完全清除后再进行洗涤。

油脂或机油：浸泡在温水中并用去油污洗涤剂浸泡 10 分钟，然后把洗衣粉直接倒在油污处搓洗。

单品购买

衣服

ALEXANDER WANG
New York
alexanderwang.com

AMERICAN APPAREL
americanapparel.net

AMERICAN GIANT
american-giant.com

A.P.C.
usonline.apc.fr

AQUASCUTUM
aquascutum.com

ASOS
us.asos.com

**AUTHENTIC APPAREL
GROUP**
New York
usarmyapparel.com

BALENCIAGA
balenciaga.com

BARBOUR
barbour.com

BARNEY'S NEW YORK
barneys.com

BELSTAFF
New York
belstaff.com

BEN SHERMAN
bensherman.com

BERGDORF GOODMAN
New York
bergdorfgoodman.com

BILLY REID
billyreid.com

BROOKS BROTHERS
brooksbrothers.com

BURBERRY
us.burberry.com

CARDIGAN
cardigannewyork.com

CLUB MONACO
clubmonaco.com

COMME DES GARÇONS
New York
comme-des-garcons.com

ERMENEGILDO ZEGNA
zegna.com

GANT
Chicago and Georgetown,
Virginia
gant.com

H&M
hm.com

**HARRIS TWEED
HEBRIDES**
harristweedhebrides.com

JACK SPADE
jackspade.com

J.CREW
jcrew.com

J. HILBURN
jhilburn.com

LACOSTE
lacoste.com

LIFE/AFTER/DENIM
lifeafterdenim.com

LONDON FOG
londonfog.com

LORO PIANA
loropiana.com

LUCKY BRAND
luckybrand.com

**MAISON MARTIN
MARGIELA**
Los Angeles, Miami,
and New York
maisonmartinmargiela.com

NEED SUPPLY CO.
Richmond, Virginia
needsupply.com

NORDSTROM
nordstrom.com

OPENING CEREMONY
Los Angeles and New York
openingceremony.us

ORIGINAL PENGUIN
originalpenguin.com

PAUL SMITH
paulsmith.co.uk

PRADA
prada.com

RAINS
Ojai, California
rainsofojai.com

RALPH LAUREN
ralphlauren.com

REASON CLOTHING
New York
reasonclothing.com

SAINT LAURENT
ysl.com

SAKS FIFTH AVENUE
saksfifthavenue.com

SALVATORE FERRAGAMO
ferragamo.com

SATURDAYS
New York; Tokyo
and Kobe, Japan
saturdaysnyc.com

SCHOTT NYC
schottnyc.com

STEVEN ALAN
stevenalan.com

SUPREME
supremenewyork.com

THOM BROWNE
thombrowne.com

3.1 PHILLIP LIM
31philliplim.com

TODD SNYDER
New York
toddsnyder.com

TOPMAN
us.topman.com

UNIONMADE
unionmadegoods.com

UNIQLO
uniqlo.com

WOOLRICH
woolrich.com

YOHJI YAMAMOTO
yohjiyamamoto.co.jp

ZARA
zara.com

牛仔

ACNE STUDIOS
acnestudios.com

DIESEL
diesel.com

LEVI'S
levi.com

RAG AND BONE
rag-bone.com

西装

ARMANI
armani.com

DIOR
dior.com

GUCCI
gucci.com

TOM FORD
tomford.com

配饰

帽子

BORSALINO
borsalino.com

J.J. HAT CENTER
New York
porkpiehatters.com

STEFENO
tlsinternational.com

STETSON
stetson.com

鞋

ALDEN
aldenshoe.com

ALLEN EDMONDS
allenedmonds.com

**CHURCH'S ENGLISH
SHOES**
church-footwear.com

CLARKS
clarksusa.com

COLE HAAN
colehaan.com

CROCKETT & JONES
crockettandjones.com

G.H. BASS & CO.
ghbass.com

HUDSON
hudsonshoes.com

NIKE
nike.com

RED WING SHOES
redwingshoes.com

TOD'S
tods.com

VANS
vans.com

WOLVERINE
wolverine.com

太阳镜

**PENN AVENUE
EYEWEAR**
pennavenueeyewear.com

PERSOL
persol.com

RAY-BAN
ray-ban.com

SUNGLASS HUT
sunglasshut.com

领带、领结和
口袋巾

DIBI TIES
dibities.com

GENERAL KNOT & CO.
generalknot.com

HICKOREE'S
hickorees.com

THE TIE BAR
thetiebar.com

W.B. THAMM
wbthamm.com

本书使用单品品牌

衬衫

水牛细条格格衬衫 (P15): Ben Sherman
青年布衬衫(P23, 77, 79, 以及 101): J.Crew
蓝色法兰绒衬衫 (P109): Winter Run
棕色法兰绒衬衫 (P81): Club Monaco
碎花衬衫(P25): Club Monaco
细条格衬衫 (P37, 93, 以及 99): J. Hilburn
蓝色牛津布衬衫 (P61 以及 121): Uniqlo
海军蓝牛津布衬衫 (P91): Club Monaco
浅黄色牛津布衬衫 (P13): Life/After/Denim
粉色牛津布衬衫 (P57 以及 67): Brooks Brothers
紫色牛津布衬衫 (P99): Brooks Brothers
棕褐色牛津布衬衫 (P95 以及 103): Gant
黄色牛津布衬衫 (P89): Brooks Brothers
橄榄球衫 (P39): Ralph Lauren
短袖系扣衬衫 (P51): American Apparel
条纹衬衫 (P63 以及 71): Lucky Brand
格子呢衬衫 (P17): ASOS
白色正装衬衫 (P33, 63, 97, 99, 113, 123, 125, 127, 129, 131, 133, 以及 135): ASOS

休闲上衣

短袖海魂衫 (P19 以及 27): vintage
海魂衫 (P49): Saint James
灰色圆领T恤 (P47): Champion
白色圆领T恤 (P21, 47, 83, 以及 111): ASOS
亨利汗衫 (P29 以及 109): Club Monaco
白色POLO衫 (P69): ASOS
白色带镶边POLO衫 (P35): Original Penguin
绿色POLO衫 (P45): H&M
插肩棒球T恤 (P59): American Giant
低圆领T恤 (P47): ASOS
短袖亨利汗衫 (P77): vintage
无袖T恤 (P21): Champion

背心 (P65): H&M
高领毛衣 (P115): Ralph Lauren
V领T恤 (P47): ASOS

毛衣和运动衫

布列塔尼条纹毛衣 (P79 以及 123): Club Monaco
开襟羊毛衫 (P81): Club Monaco
羊绒衫 (P103): H&M
圆领针织衫 (P37, 85, 以及 133): Todd
    Snyder x Champion
橄榄绿圆领毛衣 (P117): Original Penguin
黄色圆领毛衣 (P113): Lucky Brand
费尔岛毛衣 (P91): J.Crew
渔夫毛衣 (P95 以及 121): Original Penguin
连帽运动衫 (P19, 21, 以及 111): American Giant

西装和休闲西装

灰色西装 (P25, 79, 99, 以及 125): J.Crew
灰色亚麻西装 (P57): Uniqlo
棕黄色亚麻西装 (P63): Ralph Lauren
马德拉斯布运动外套 (P67): vintage Gant
海军外套 (P85, 93, 以及 99): Topman
浅色西装 (P13): Uniqlo
格子西装 (P129): J. Hilburn
泡泡纱西装 (P61 以及 63): H&M
粗花呢西装 (P29 以及 33): Topman
织纹外套 (P89): Gant
黑色燕尾服 (P127): Dolce & Gabbana
深蓝色燕尾服 (P127): Custom
栗色天鹅绒燕尾服 (P127): vintage
棕色人字呢冬季面料西装 (P103 以及 131): ASOS
灰色人字呢冬季面料西装 (P135): Harris Tweed

下装

黑色裤子 (P17, 29, 97, 以及 115): Calvin Klein
卡其布裤子 (P15, 37, 45, 51, 71, 111, 121, 123, 133,
    以及 135): Levi's

亚麻长裤 (P69): Brooks Brothers
海军蓝长裤 (P23, 89, 以及 93): Topman
游泳短裤 (P65): Saturdays
锥形慢跑裤 (P59): J.Crew
羊毛裤 (P91 以及 101): J.Crew

牛仔裤

黑色牛仔裤 (P19): Levi's
浅色牛仔裤 (P35): Levi's
赤耳丹宁牛仔裤 (P27, 33, 39, 77, 81, 83, 85, 95, 103, 109, 113, 以及 117): Acne
白色牛仔裤 (P13, 49, 以及 67): Levi's

外套

飞行员夹克 (P133): vintage
棕色皮夹克 (P115): vintage
水牛格子羊毛外套 (P117): Woolrich
深蓝色牛仔夹克 (P15 以及 101): Levi's
浅蓝色牛仔夹克 (P19): American Apparel
纯蓝色牛仔夹克 (P131): Levi's
羽绒大衣 (P123): ASOS
皮革机车夹克 (P83): vintage Bukman
军用野战夹克 (P77): Authentic Apparel Group
大衣 (P125): H&M
双排扣大衣 (P113 以及 121): ASOS
绗缝棉衣 (P95): Ralph Lauren
绗缝马甲 (P135): Barbour
雨衣 (P27): Rains
风衣 (P97): London Fog
棒球夹克 (P37 以及 99): Reason Clothing
防风外套 (P21 以及 35): American Apparel

鞋

蓝色麂皮鞋 (P35, 49, 51, 61, 以及 113): Hush Puppies
抛光牛津鞋 (P33, 39, 67, 85, 89, 93, 以及 101): Allen Edmonds

矮筒工作靴 (P27, 77, 81, 95, 117, 121, 123, 以及 133): Wolverine
    1000 Mile
沙漠靴 (P15, 91, 109, 以及 111): Clarks
双扣僧侣鞋 (P17, 83, 97, 115, 以及 125): Allen Edmonds
渔夫鞋 (P65 以及 69): Soludos
流苏乐福鞋 (P25 以及 29): Church's
胡桃木色牛津鞋 (P13, 23, 57, 71, 以及 79): Allen Edmonds
白色网球鞋 (P19, 37, 45, 以及 59): Vans
高帮正装鞋 (P103, 129, 131, 以及 135): Allen Edmonds

帽子

灰色费多拉软呢帽 (P115): Stetson
栗色针织帽 (P77): Army Surplus
橄榄绿针织帽 (P111): Army Surplus
报童帽 (P121): Stetson
巴拿马草帽 (P63 以及 69): Stetson

眼镜

飞行员太阳镜 (P53 以及 133): Ray-Ban
派对达人太阳镜 (P23, 53, 以及 59): Ray-Ban
钥匙孔太阳镜 (P53, 63, 以及 99): Persol
玳瑁框眼镜 (P45, 93, 99, 103, 113, 以及 129): Penn Avenue
    Eyewear
玳瑁框太阳镜 (P33 以及 95): J. Hilburn
徒步旅行者太阳镜 (P25, 53, 65, 以及 85): Ray-Ban

领带、领结和口袋巾

绿色、灰色、海军蓝拼色领带 (P89): The Tie Bar
黑色针织领带 (P17 以及 97): Salvatore Ferragamo
青年布领带 (P129): DIBI Ties
真丝针织领带 (P33, 57, 61, 63, 71, 99, 101, 以及 125):
    The Tie Bar
圆点针织领带 (P131): vintage

格子领带 (P135): Club Monaco
棕色针织领带 (P93): Club Monaco
针织领带(P99): DIBI Ties

黑色领结 (P127): The Tie Bar
栗色领结 (P13): The Tie Bar

青年布口袋巾 (P63, 79, 89, 以及 131):
　　The Tie Bar
印花口袋巾 (P13, 57, 以及 85):
　　W.B. Thamm
格子口袋巾 (P29 以及 99): The Tie Bar
白色挺括口袋巾 (P99, 127, 以及 129):
　　The Tie Bar
条纹口袋巾 (P61): W.B. Thamm

皮 带

抛光皮带 (P39, 51, 以及 67): Allen Edmonds
胡桃木色皮带 (P23, 49, 71, 以及 79): Allen Edmonds

致　谢

即便是最疯狂的想象，我们也从来没想过当初一张小小的照片最后会变成一本书。能够出书是每一位设计师梦寐以求的事情，而我们作为一个家庭一起去分享这份经验更让这本书变得意义非凡。大家的才华横溢、勤勉付出和耐心贡献才让它得以出版。感谢巧匠出版公司负责这个项目的编辑团队，感谢他们跟我们一起分享这个美好愿景。特别是发行人利亚·罗内恩和我们的编辑布丽奇特·海金，让我们这本《柴犬绅士》得以梦想成真，是你们的帮助让我们成就了这份自豪。感谢我们的经纪人马修·卡列尼，以及维利亚诺联合公司的同事们的指导和支持。我们的父母也同样付出了很多，尤其感谢他们在"菩提"生病时的照料，让我们过得更加多姿多彩，提醒我们不要太严肃地生活。

作者简介

　　大卫·冯和叶娜·金是一对夫妇，分别是平面设计师和时装设计师、摄影师，同时也是柴犬绅士"菩提"背后的"铲屎官"。他们生活在纽约，并在那里创业数年，但他们发现真正喜欢的是用漂亮的衣服打扮狗狗"菩提"。想想看吧，他们和心爱的五岁大的柴犬"菩提"一起分享这个好玩的项目，"菩提"喜欢在纽约 SoHo 闲逛、咬地毯，当然，还要示范男装造型。

图书在版编目（CIP）数据

柴犬绅士：新版 /（美）大卫·冯，（美）叶娜·金
著；糸色空译. -- 上海：上海文化出版社，2020.6（2021.11 重印）
ISBN 978-7-5535-1949-4

Ⅰ. ①柴… Ⅱ. ①大… ②叶… ③糸… Ⅲ. ①男性—
服饰美学 Ⅳ. ① TS976.4

中国版本图书馆 CIP 数据核字（2020）第 063256 号

MENSWEAR DOG PRESENTS
THE NEW CLASSICS: Fresh Looks
for the Modern Man

by David Fung and Yena Kim

Photographs copyright © 2015 by David
Fung and Yena Kim, except page 6,
copyright © 2015 by Ruaridh Connellan;
page 159, copyright © 2015 by Westley
Dimagiba; and pages 30 (bottom), 31 (all but
top left), 54, 55 (top left and right), 86 (top),
87 (top right and bottom left), 118 (left and

center), and 119 (bottom left and top and bottom right),
copyright © by Shutterstock.com.
Illustrations copyright © 2015 by Sun Young Park
Design by Topos Graphics
Published by arrangement with Workman Publishing
Company, Inc., New York.
Simplified Chinese edition copyright © 2020 by United
Sky (Beijing) New Media Co.,Ltd.
ALL RIGHTS RESERVED

著作权合同登记 图字：09-2020-304 号

出 版 人：姜逸青
选题策划：联合天际
责任编辑：赵光敏
特约编辑：赵 然 邵嘉瑜
封面设计：千巨万工作室
美术编辑：王颖会 程 阁

书 名：柴犬绅士：新版
作 者：［美］大卫·冯 ［美］叶娜·金
译 者：糸色空
出 版：上海世纪出版集团 上海文化出版社
地 址：上海市闵行区号景路 159 弄 A 座 2 楼 201101
发 行：未读（天津）文化传媒有限公司
印 刷：北京雅图新世纪印刷科技有限公司
开 本：710×1000 1/16
印 张：10
版 次：2020 年 6 月第一版 2021 年 11 月第三次印刷
书 号：ISBN 978-7-5535-1949-4/TS.069
定 价：88.00 元

关注未读好书

未读 CLUB
会员服务平台

本书若有质量问题，请与本公司图书销售中心联系调换
电话：(010) 52435752